道德箴言录

Maxims

〔法国〕弗朗索瓦·德·拉罗什福科 著
王 水 译

译林出版社

1

人们所称之德行，往往不过是大量的、种类各异的行为和利害关系，由天赋机遇或者后天勤奋精妙构成。男人成为勇士并不都是因为英勇，女人成为贞女也并不都是因为贞洁。

2

自爱乃是至上的自我奉承。

3

无论人们已在自爱之领域发现了什么，那个领域仍有人类未曾勘察之未知。

4

自爱之精明，甚于世上最精明之人。

5

人们的激情存续之期，不会长于生命中断之时。

6

激情常使最聪明之人变得愚蠢，有时又可使最愚蠢之人变得聪明。

7

那些令人眼花缭乱的伟大而卓越的行动，在政治家们强烈的图谋下表现出来；而不是表现为性格和激情的结果。因此，奥古斯都与安东尼的斗争——那战争被视为是他们心怀主宰世界的野心而引发，也许那仅仅是嫉妒的结果。

8

激情是唯一始终都在进行说服工作的鼓动家。激情乃人之天生技艺，其规则是认为自己永远正确无误；头脑最简单的人一旦拥有激情，其劝诱能力将会远胜于虽最能雄辩但却激情寡淡之人。

9

激情多有不公义，抑或过于自我，可致使其跟随者陷入险境；实践中，我们对它的信任应需谨慎，即便它表现得最富可信度。

10

人们内心深处源源不断地产生激情，故此，一种激情的破灭几乎总是意味着另一种激情的产生。

11

激情常常走向自己的反面：吝啬有时导致挥霍，挥霍有时导致吝啬；我们常常经由软弱而达到坚强，经由怯懦而达到勇敢。

12

无论人们如何煞费苦心地把激情隐藏于虔诚和光荣的外衣下，激情总会透过其遮蔽物而昭然显现。

13

人们的自爱所难以忍受的谴责，来自趣味的更甚于来自判断力的。

14

人们不仅无视利害，还会恩将仇报，忘记屈辱。连必要的复仇或报恩，似乎也成了他们不愿意承受的苦役。

15

君主的仁慈往往只是笼络民心的手段。

16

被人们视为可产生美德的仁慈，其动机有时是虚荣，有时是懒惰，有时是恐惧，但几乎所有的时候又是三者的合一。

17

幸福之人的节制来源于好运气赋予他们性情的镇定宁静。

18

节制产生之因，不过是害怕遭受他人的嫉妒和轻蔑而已，节制这种美德总降临到那些正陶醉于自身好运的人们身上。节制是人们精神力量的一次愚蠢自负的展示——简言之，人们节制的制高点在于意图证实自身比命运之安排还要强大。

19

我们每个人都有足够的力量去促成他人的不幸。

20

智者的坚定不移，仅仅是他们用以隐藏内心躁动的艺术。

21

那些被判死罪的人们，有时会对死亡做出坚定不移或者傲视的姿态，这其实恰恰是害怕面对死亡；所以，人们可以说，这种坚定不移和傲视的态度于他们的精神，就像蒙住眼睛的绷带于他们的眼睛。

22

哲学能轻易地战胜昔日之痛和未来之痛，然而，却在今日之痛前败下阵来。

23

几乎无人能认识死亡，人们只能承受它。通常出于决心，甚至是出于愚钝和惯性来承受它，许多人死去是因为他们把死亡看做不得不接受的事实。

24

当那些大人物被持续不断的厄运击垮时，人们才发现他们过去只是靠野心而不是智慧支撑自己；承担着巨大的自负虚荣，英雄们所行所为与常人无异。

25

承担好运所需的德行，要多于承担厄运所需的德行。

26

直视太阳和死亡，不能不眨眼。

27

人们常常以他们的激情为荣，即使是最糟糕的激情；但嫉妒却是一种既羞怯又谦逊的激情，以致没有人敢承认拥有它。

28

猜忌在某种意义上尚有公正合理性，因为它倾向于使人们保护属于自己或认为是属于自己的利益。相反，妒忌却是一种狂怒，使人们无法忍受别人的幸运。

29

人们的善良品性，往往比人们所行之恶更能招致迫害和憎恨。

30

我们所拥有的力量超过我们所拥有的意愿，我们经常仅仅为了找借口申辩而说某些事是不可能的。

31

如果我们自己完美无瑕，就不会从注意他人的缺点中获得那么多的乐趣。

32

猜忌生长于疑惑之中，当人们经由疑惑直至确定无疑时，猜忌要么立即消除，要么演变成一种狂怒。

33

骄傲总能自我弥补，什么也不会遗失，即使在它抛弃空虚的时候。

34

如果我们自己不怀骄傲之心，我们就不会怨恨他人之骄傲。

35

所有人的骄傲乃是一致的，唯一的不同在于其表现方法和手段各异。

36

正像自然非常精致地安排了我们身体的各种器官，以使我们能感悟幸福，它也给我们安排了骄傲，以使我们感觉不到自身不理性之耻。

37

在我们埋怨那些有缺点的人们时，骄傲是比善行更有效的方法，我们与其责备他们改正错误，不如让他们明白：我们可没有他们那些缺点毛病。

38

人们因满怀希望而许诺，因心存敬畏而履约。

39

利益用各式各样的语言说话，表现出各式各样的特征；甚至出自无私的利益也是如此。

40

利益使一些人盲目，使另一些人眼明。

41

那些太专注琐碎小事的人，往往对大事不堪胜任。

42

人们没有足够的力量和勇气以完全追随理智。

43

当一个人被他人所引导时，他往往认为是自己在引导自己；而当他凭自己心智朝某个确定目标努力时，他的精神不知不觉将他引向另一个目标。

44

精神强盛或精神脆弱，其实命名不当，它们实际上不过是人们身体器官的优良或知足而已。

45

人们情绪的反复无常，比运气的反复无常还要奇怪和不可理喻。

46

哲学家们对生命表现出的眷恋或冷淡，只不过是他们自爱的口味不同，对此我们无需做过多争论，就像不必争论人们对舌间味觉或者某一色调的偏好。

47

我们的情绪为命运赠予我们的每件礼物都确定出价格。

48

幸福得之于体验，而非事物本身所系。人们因得到自己的所爱而幸福，不会因得到他人的爱之物而幸福。

49

我们从未像我们想象的那样幸福，也从未像我们想象的那样不幸。

50

那些自视有德行的人使自己相信荣耀来自不幸，并使他人和他们自己都相信这一点：成为命运的靶子是有价值和可敬的。

51

再没有什么能如此消减我们的自满之心了——

我们看到，在某一时刻我们极力赞成的东西，在另一个时刻我们却又极力反对。

52

无论人们的命运表现得有多悬殊，然而世间仍然存有某种可使好运与厄运相互均衡的补偿。

53

无论天赋如何有优势，仅有这些远远不够，造就英雄还需要时势运气。

54

哲学家们对财富的蔑视，不过是一种深藏的对不公正命运的报复心理。这种蔑视是护佑他们不致跌落于贫困中的秘诀，通过这种路径相反的方法，他们取得了依靠财富不可能得到的显赫声望。

55

对恩惠的厌恶不过是爱好恩惠的另一种方式。没有蒙恩的人，对蒙恩者表示出嫉妒，可安慰和缓解自己没有得到恩惠的苦恼；如果不能夺走那些人用以吸引世人注意的东西，人们就拒绝给他们以尊敬。

56

为了在世间获取成功，人们首先竭力表现出已经取得世间成功的样子。

57

尽管人们因自己的伟大业绩而高兴，但他们更多只是机遇的产物，而非一个伟大谋划的结果。

58

人们的行动看似充满了幸运或不幸，人们对这些行动的大量褒贬就取决于这些幸运或不幸。

59

再不幸的事件，精明之人也能从中汲取有益的东西；再幸运的事件，愚蠢之人也能把它弄得对己有害。

60

命运女神会扭转一切事件，以使她青睐之人获益。

61

人们的幸福或不幸依赖于他们性格的程度，不亚于依赖他们运气的程度。

62

真诚乃是心灵不设防的敞开；我们只能在极少数人身上找到它；我们日常所见的真诚，不过是一种为了赢得他人信任而做出的狡猾伪饰。

63

厌恶谎言，常常出于一种不易觉察的野心，是想使我们的话语更具可信度和影响力，并想给我们的会话赋予虔诚严谨的外表。

64

真理在世间所行之善，并没有假冒它的伪真理所行之恶那么多。

65

人们把赞美慷慨地加在“审慎”之上，但它在最小的事情上也不能确保我们平安无虞。

66

聪明人必须管控好他的利益的次序，使之井然有序。因为我们的贪欲时常困扰我们，使我们在同一时间内追逐太多的利益，结果，我们过于热切地寻求最小利益之时，我们恰恰痛失获取最大利益之机。

67

优雅之于身体，犹如良知之于精神。

68

对爱下定义是很困难的，我们只能说：在灵魂层面，爱是一种统治欲；在精神层面，爱是一种同情心；在身体层面，它则是一种潜藏的、精巧的愿望，意图占有那赋加了神秘色彩的我们所钟爱的事物。

69

如果存在一种纯粹的爱，它不曾与我们其他的激情相掺杂混合，那么，这种爱是潜藏在心灵最深处的爱，甚至连我们自身都觉察不到它的存在。

70

爱情所至之处，不能长期躲在伪装下；爱情未至之处，亦不能长期伪装其存在。

71

当人们的爱情不再持续时，几乎都会为自己曾有过的爱情而羞耻。

72

如果我们根据爱的主要效果来判断，爱情更像是恨而不是爱。

73

我们可以发现那些从未放纵于私情之中的女子，却极鲜见有过放纵却仅仅一次的女子。

74

爱情只有一种，但其副本却有千差万别的面孔。

75

爱情和火焰，非得永恒不断地更新，否则就难以存续；爱情和火焰，一旦停止希望或停止畏惧，它们的生命活力就会停止。

76

真正的爱情就像真正的幽灵那样飘忽不定：所有人都在谈论它，但却没有几人亲眼见过它。

77

爱情把它的名字借给无以计数的商业式婚约及交往，然而，爱情和那些有着它特征的事件之间的关系，少之又少，简直就像共和国总督和发生在威尼斯的那些事的关系。

78

大多数人热爱正义，不过是因为他们害怕遭受不公正。

79

对缺乏自信者而言，沉默乃其处事时的最佳良策。

80

我们交友如此多变，是因为我们难以认识灵魂的本性，却容易看到智力的优点。

81

除了那符合我们心意的事物外，我们什么也不爱。当我们爱朋友甚于爱自己时，那也不过是遵循自己的趣味和喜好而已。然而，正是靠这种唯一的爱朋友胜过爱自己的情意，友谊才可能是真实和完美的。

82

与敌人的和解，只是出于一种想改善自己境况的欲望，出于对战争的厌倦，对一些意外不幸事件的敬畏。

83

人们定义为“友爱”的，其实质不过是一种社会交往关系，一种对各自利益的尊重和相互间的协作。事实上，它只不过是一种交易，自爱总是期盼能从这种交易里赚取某些东西。

84

不信任自己的朋友比被朋友欺骗更为可耻。

85

我们经常自以为我们爱某些人胜过爱我们自己，然而，仅仅是利益才是形成人们友谊的，我们将自己的友谊给别人，并非是出于我们的行善之心，而是为了有朝一日能得到他们的回报。

86

人们的提防之心，证实了别人的欺骗。

87

如果人们彼此之间没有尔虞我诈、相互欺骗，人们就不可能在社会中长久生存。

88

人们根据自爱对朋友的满意程度，在心目中扩大或者削减朋友们的优点，人们按照别人向自己展示出的生活方式来判断他们的美德与价值。

89

人人都为自己的记忆力引以为憾，从来没有人抱怨自己的判断力。

90

在生活交往中，人们更经常的是由于我们的缺点而不是由于我们的优点而喜欢我们的。

91

在通向目标的道路上遇到不可能逾越的障碍时，最执著强大的野心会表现得微乎其微。

92

要使一个人从自高自大中醒悟过来，就得向对待那个雅典疯子那样对待他，那个雅典疯子洋洋自得地认为世间所有港口的船只，都归他所有。

93

老年人因能给人以良好的教诲而欣慰，其实是因为他们再也不能把自己树立成坏典型了。

94

伟大的称号对那些不知如何维系它的人们来说，只会使他们退步而非振奋。

95

卓越出众的功勋有这样一个明显标志：那些嫉妒它的人，也不得不赞美它。

96

一个人也许是忘恩负义的，但往往，他在忘恩负义方面的过错，并不比那个施与他好处的人多。

97

如果我们认为理智和洞察力是两个完全不同的东西，那么，我们就被它们蒙骗了。洞察力只是理智之光的扩展，理智之穿透到事物深处，并在那里注意值得注意的一切，在那里觉察似乎不可觉察之物。因此，我们必须承认：那些被我们归之于产生自洞察力的所有效果，也属于理智之光的范围。

98

每个人都赞美自己心灵美好，但没有人有胆量如此赞美自己的理解力。

99

精神的高雅在于思索有道德的思想和凝练精确的思想。

100

精神的勇敢就是以一种令人惬意的方式谈论那些最为空洞的事物。

101

想法总是在我们的头脑中一闪而过，在我们能捕捉并雕琢它们之前完美地呈现出来。

102

精神总是心灵的受骗者。

103

那些能够认识到自己精神的人，未必都能认识到自己的心灵。

104

各种人和事物都有自己的观察点，对人及事物作出正确判断，有的时候需要近距离去观察，有的时候却恰恰相反，需要站在远处方可准确判断。

105

那些能偶然发觉理性的人并不是有理性的，能认识、辨别、检验理性的人才是有理性的。

106

为了正确地了解事物，我们应当了解其中的细枝末节，由于事物的细枝末节是无穷无尽的，我们的知识也就始终是肤浅且有缺憾的。

107

以自己从不卖弄风情而自吹自擂，这本身即是一种卖弄。

108

精神难以长时期地扮演心灵的角色。

109

青年人根据血液的热度而改变自己的趣味，老年人则根据习惯而保持自己的趣味。

110

没有任何东西能像“建议”那样被我们如此慷慨地送出。

111

我们爱一个女人越多，就越倾向于憎恨她。

112

精神上的瑕疵和脸上的瑕疵一样，因年龄而增加。

113

存在一种婚姻，它美好但却无快乐可言。

114

当我们被敌人所欺骗或者被友人所出卖时，我们伤心不已；但当这欺骗和出卖来自我们自己时，我却往往会心甘情愿。

115

欺骗自己和欺骗他人一样容易。

116

再没有什么事情比寻求劝告或给予劝告更不真诚的事了：寻求劝告者会对他朋友的意见表现出一副顺从尊重的样子，然而他内心所希望的却是让他的朋友赞同他的意见，并为他的意见所导致的后果承担一定的责任；而那给予劝告者，则表现出一副真挚热情的无私模样来回报朋友的信任，然而他在给朋友提出劝告时，通常是以自己的私利或自己的名誉为导向的。

117

我们所有行为中最为狡猾的是，假装自己没有看到别人为我们设置的圈套，因为人们在打算欺骗别人之时，往往是自己最容易受骗之时。

118

心中从不存在欺瞒他人的念头，往往会导致更容易地受到他人欺骗。

119

我们太习惯于向别人伪装自己，以致最后我们向自己伪装自己。

120

人们的背叛行为更多地是出于软弱，而不是出于某种既定的背叛动机。

121

我们行善的目的，常常是为了能够不受惩罚地作恶。

122

如果我们战胜了激情的诱惑，这更多因为激情自身的脆弱易逝而非是我们意志的坚定刚强。

123

如果我们不自我奉承，我们大概也能拥有快乐，但那也必是微乎其微的。

124

最富欺诈性的人，会毕其一生谴责欺骗，他们这样做的目的，是为了在某个关键场合，自己行使欺骗之术，以为自己谋取更大的利益。

125

经常使用阴谋诡计，意味着此人拥有一颗智力有限的头脑，一般而言，那些使用诡计的人在某一方面使自己受到尊重的保护，但在另一方面却让自己暴露在他人的抨击之中。

126

阴谋诡计和背信弃义，都是无能的产物。

127

上当受骗的最可靠途径，就是认为自己比别人更精明。

128

聪明过度是一种欺骗性的明智，真正的明智乃是一种稳重的聪明。

129

为避免被奸诈之人所骗，有些时候做些傻事是必要的。

130

软弱是人们唯一不会改正的缺点。

131

对那些拿爱情当饭吃的女人来说，制造爱情不过是她们所有缺点中最小的那个缺点。

132

对待别人客观明智，总会比对待自己客观明智，更方便易行。

133

世间最完美的模型，可以使我们通过它，看出原形本身的缺陷和荒谬。

134

我们表现得最为荒谬可笑时，不是因为我们具有某些品性习惯，更多的原因是我们假装具有某些品性习惯。

135

有时我们会同自己不一致，这种不一致甚至比我们与他人的差异还要大。

136

有一些人如果不是听人谈及爱情，他们根本就不会去爱。

137

当没有虚荣心作祟时，我们无话可说。

138

我们更喜欢谈论自己的不幸，而不是说那些无关紧要之事。

139

在交谈中我们发现极少有通情达理和令人愉快的人，一个原因是：几乎没有人不是更多地关注自己想说的，而不是如何能确切回答人们对他说的。那些最机灵聪明和礼貌周至的人，也充其量只是向他人作出一副正在倾听的样子。与此同时，我们可以从他们的精神和眼睛中，感知到一种对我们所说的话茫然不解的神色，和一种急于将谈话内容引到他们关心的话题上去的意图。他们并没有这样想：那样力求使自己惬意是一个取悦或说服别人的坏办法，并且，好好地倾听，好好地回复是我们在谈话中所能拥有的最大的魅力之一。

140

如果没有愚蠢之人相伴，幽默风趣之人常常会陷入困境，施展不开本领。

141

我们常常夸口说自己从不使人烦，我们因过分自负而觉察不到自己有多么的烦扰他人。

142

正如伟大精神的特征是平凡话语蕴含大道理，肤浅精神的特征则是滔滔不绝但空洞无力。

143

我们过分盛赞他人的优秀品质，与其说是出于对他们美德的尊重，不如说是出于对我们自己意见的尊重。我们想吸引到他人的赞美，似乎是我们造就了他们。

144

我们并非喜好赞美他人，如果没有动力我们决不赞美任何人。赞美是一种狡猾、隐秘和精巧的奉承，它能给予赞美者和被赞美者不同的满足。得到赞美的人就仿佛那是对他美德的一个应有回报，送出赞美的人则是为了让自己的公正和辨别力引起他人注意。

145

我们经常选择的是某些有害于被赞美者的赞美，这可以从我们赞美人们的缺陷引起的反响中见到，这些缺陷是我们不敢以另一种方式揭示的。

146

通常，我们仅仅是为了得到赞美而赞美他人。

147

很少有人明智到这一程度：喜欢逆耳忠言，甚于喜欢顺耳佞语。

148

有一些责难其实是赞美，有一些赞美其实是责难。

149

拒绝他人赞美，不过是希望再次被赞美。

150

那种激励我们获取他人赞美的欲望，增强了我们的德行；我们给予理智、价值和美的赞美，也有助于增强我们的德行。

151

自己去统治他人容易，防止自己受他人统治很难。

152

如果我们没有自我奉承，别人的奉承就不会损害到我们。

153

天生本性产生美德，机遇运气成就业绩。

154

人们身上有些缺点毛病，运气能够改正，理智却改正不了。

155

有些人虽有才能却只招人厌恶，有些人虽有缺点过错却讨人喜欢。

156

有些人仅有的那些价值，在于在正确的时间内说些愚蠢的话、做些同样愚蠢的事，一旦他们改变了他们的行为，那会导致他们毁掉一切。

157

对那些负有盛名的大人物，应该用他们攫取荣誉的方法来评估他们的荣誉。

158

奉承是一枚伪币，只有我们的虚荣心使它有机会流通。

159

仅仅拥有崇高品性还远远不够，我们还应对其加以运用。

160

一项光辉伟大的行动，如果不是出于一个崇高伟大的动机，那也不应该受到人们的景仰和尊重。

161

如果我们期望从行为与思想导致的所有后果中做出评价的话，在行为和思想之间应当存在某种确定的和谐状态。

162

对自己平庸资质巧妙规划利用以赢得荣誉，往往能比那些真正出众的人赢得更多的尊敬和名声。

163

无数行为表现得愚蠢鲁莽，其背后潜藏的动机却是十分明智慎重。

164

显出一副配得上自己没有得到的职位的模样，要比胜任自己正在从事的工作更为容易。

165

真正公道者对他人的真正价值予以尊敬，普通大众却将他人的真正价值视为幸运。

166

世界往往对功绩的外表而非功绩本身予以报酬奖赏。

167

相比慷慨大方，吝啬贪婪更与节俭理财相背离。

168

尽管“希望”富有欺骗性，但她引领我们在愉悦惬意中，走向生命的终点。

169

明明是懒惰闲散和怯懦敬畏使我们不得不行进在履行义务的道路上，但我们的德行却因之不断受到世人赞美褒扬。

170

即使一项行动表现出正当而忠诚，仍很难判断它的动机是出于正直还是耍花招。

171

德行消失在自我利益之中，正如江河消失在海洋之中。

172

如果彻底深入地研究一下冷漠的各种影响，我们会发现它更多地是想摆脱责任而非舍弃利益。

173

有各种不同的求知欲：一种是出于利益——即想学会可能对我们有用的东西；另一种是出于骄傲——即想知道其他人不知道的东西。

174

运用理智最恰当的方式是：相对承受那些我们所能预料的即将到来的苦难，更理智的是能够承受那些已经降临的不幸和苦难。

175

爱情的坚贞不渝实际是一种永恒的反复无常，这种反复无常使我们的感情接连不断地依附于我们的爱人的各种品质之上，时而给其中一个以偏爱，时而又偏爱另一个。因此，这种坚贞不渝不过是发生在同一对象身上的一种止而复行的无常。

176

有两种类型的坚贞不渝存在于爱情中：一种类型起因于人们能不断地在爱人那里发现值得去爱的新鲜点，另一种类型的忠贞不过由于人们把坚贞不渝视为可带来好名声的事物而坚持下来。

177

坚定不移并不值得特别谴责，也不值得特别赞美，因为它只不过是某些趣味和情感的持续，这些趣味和情感是我们既不能自我制作又不能自我给予的。

178

我们热爱学习新东西的原因，并不是我们对旧有知识的厌倦或对知识更新的渴望，而是因为厌倦了来自那些了解我们的人的有限的钦佩，因为我们渴望那些不太了解我们的人的更多的赞美。

179

有时我们会抱怨朋友们的轻率，以预先为自己开释。

180

我们的懊悔之心，是对我们已做过的错事满怀悲哀，更是对有可能降临到我们身上的后果感到的恐惧。

181

有一种变化无常，其根源是精神的轻率或软弱，它可使得我们接纳所有其他人的意见；另一种变化无常是言之有理、较可原谅的，因为它的根源是耽于物欲。

182

正如毒药进入了药物的范围那样，恶行也进入了德行的结构之中，审慎地聚集和混和它们，恶行和毒药也可用于抵抗人们生活中的诸多病端。

183

我们必须承认——这是使德性光荣的：人们的最大不幸乃是被罪行所压倒的不幸。

184

我们承认自己的过错，是想用自己表现出的真诚来修复别人因我们的这些过错而对我们形成的不良评价。

185

世间既有邪恶之枭雄，亦有善良之英雄。

186

我们并不蔑视所有曾有过恶行之人，但我们蔑视所有毫无德行之人。

187

德行之名，和恶行之名，在我们谋取利益时同样有用。

188

灵魂的健康并不比身体的健康更有保障，当激情看似远远离开我们时，我们仍有被激情感染的危险，这危险程度并不亚于身体健康时会突然陷入疾病状态。

189

人们的天性似乎在每个人出生之时，就确定出了此人的善行和恶行的界限。

190

伟大卓绝之人，不应犯下滔天大错。

191

可以说，恶行等待在我们的人生必经之路上，就像旅店老板在路边等待不断到他那里临时借宿的行人那样，并且，即使我们获准在同一条路上再走一次，我仍怀疑我们那些所谓的经验教训是否真能使我们避开那些恶行。

192

当恶行主动离弃我们时，我们认为是自己遗弃了恶行，并就此自我奉承、自吹自擂。

193

灵魂的病端就像肢体的病端那样，总有故态萌发之时刻，我们所谓的“痊愈”，往往不过是疾病的间断，抑或是不同疾病之间的转化。

194

灵魂的瑕疵恰如肢体的创伤，我们想尽一切办法去愈合它，但它的疤痕总是抹不平，那一道道伤口始终处于再次发作的危险之中。

195

人们之所以能预防沉溺于某一种恶行，其原因是人们身上还有太多其他的恶行。

196

当我们的缺点仅仅为我们自己所知时，我们很容易忽略它们的存在。

197

世上有这样一种人，如果不是我们亲眼看到他们的恶行，我们根本不会相信他们会作恶，然而，这其中只有极少数的行恶之人，值得人们为其行为大惊小怪、匪夷所思。

198

我们过分夸大渲染某些人的荣誉，是为了贬低另一些人的荣誉；并且，如果我们不想直接责备孔代亲王殿下和德雷纳元帅，我们只需减少对他们的溢美之辞即可。

199

那种想表现得精明的欲望，事实上却常常阻止人们真正变得精明。

200

如果没有虚荣心一路护送，德行走不了那么远。

201

如果有人认为，他能够脱离于整个世界而自足，是自欺欺人；但有人若认为人们不能在世界上保持独立，那就更是自欺欺人了。

202

假装诚实的人是那些在别人和自己面前遮掩自身缺陷的人；真正诚实的人是那些能够认识到自身缺陷，并完全坦白和承认它们的人。

203

真正慎虑之人，决不会在任何事物中行激怒之举。

204

女人的冷漠是她们加诸于自身美貌之上的平衡木和担子。

205

女人的德行往往是她们对良好名声和宁静安逸之喜爱。

206

那些总想使自己置身于正派人视线监督之内的人，才是真正的正派人。

207

在我们一生中的各个阶段，愚蠢与我们如影随形；如果有谁表现出明智，那不过是因为他的愚蠢和他的年龄、运气相称而已。

208

有一些愚蠢之人，其自知之明在于知道如何巧妙地运用他们的傻劲。

209

生活中没有经历愚蠢，并不意味着活得如自己想象的那般明智。

210

在一天天变老的过程中，我们越来越愚蠢，也越来越明智。

211

有些人就像戏剧，我们只是在某个特定的时刻为它们送上赞美之辞。

212

大多数人判断他人的标准，仅仅是成功或者财富。

213

热爱荣誉、害怕耻辱、贪恋财富、奢求生活安逸舒适、妄图贬抑他人，这些都是促使人群中涌出勇敢者的原因。

214

在普通的战士们那里，勇敢是一种为了谋生而采用的危险方法。

215

完全的勇敢和完全的怯懦，都是极少见的两个极端。这两个极端间的空间很广大，可以容纳几乎所有类型的勇气，其差别之大，恰如人各有其貌与其性格之间的差异。有些人开始行动时全无顾忌，却在应该坚持一下时，轻易地松懈下来，并轻易地气馁放弃。有些人是因为满足于他们已完成了世间荣誉所需求的，有些人是没有客观地掌控住他们在困难面前的怯懦。还有一些人是放任自己败阵于恐慌的心理，另一些人向前冲锋是因为他们不敢再驻留于原地；有的人，在小困难、小挫折前表现出极大的勇气，准备着去面对更大更危险的困境。还有的人，在刀光剑影和枪林弹雨前惊慌失措，有些人在火枪弹药前无所畏惧，却害怕真刀实剑的肉搏战。所有这些不同种类的勇气在某种意义上说是彼此一致的。黑暗通过增加恐惧和遮掩那些好的和坏的行为，给了人们自我宽恕的理由。我们还能观察到世间有一种更常见的情况——我们从未见过真有其人——他总是在确信自己保证不受惩罚的情况下做他最该做的所有的事，因此，对死亡的恐惧略微使他的英勇打了折扣。

216

完全的英勇，拿不出可以向全世界展示的证据。

217

英勇无畏乃是一种源自灵魂深处的非凡力量，它可使人类的灵魂得以超越种种苦恼和混乱，超越那些在重大险境中有可能引发的种种情绪。正是靠这种非凡的力量，英雄们在那些最突如其来和最险象环生的事件中，得以保持镇定的外形，得以保持他们的理性与判断力，得以保持他们的独立自主。

218

伪善是邪恶向德行所表示的敬意。

219

大多数人参与战争是为了以此保全他们的声誉，但很少人愿意总是这样冒险，因为这种冒险程度，超过了人们为取得成功所预估的必需的危险。

220

虚荣、耻辱，尤其是气质，常常促使男人得以勇敢，女人得以贞洁。

221

我们不愿失去生命，我们梦想获得荣誉，这使得那些勇士们在死亡面前表现出的机智和技巧，胜过贫穷的乞丐在保留他们仅有财物时的灵活和机智。

222

几乎所有人，在迈入成年门槛之后，无一例外地感受到来自肢体和精神机能的不可避免的衰退。

223

感激之心犹如商人的诚信，这种诚信维系着商业贸易，我们诚信行事，并不是因为觉得自己应该偿清债务，而是为了此后能更容易地找到再贷款给我们的人。

224

所有还清了感情债务的人，决不能因此就洋洋自得地以为自己也值得别人感恩。

225

期待他人对我们所给的恩惠表示感激，但错误地估价了这种感激之情的分量，这是因为施与者的骄傲和承受者的自尊在恩惠的价格上意见未能达成一致。

226

偿清某项债务后，那种过分渲染和迫不及待的昭彰之心，正是忘恩负义的一种表现。

227

幸运的人根本不会改正自身错误，当他们的恶行和愚蠢也有好运气相助时，他们会自始至终认为自己是正确无误的。

228

人若骄傲，将不会欠债；人若自爱，当不会还账。

229

过去我们曾受惠于某人，现在，我们原谅了他对我们犯下的罪恶。

230

再没有什么比榜样更富有感染力了，我们所行的一切大善大恶都不过是仿效他人。我们通过效法以模仿好的行为，通过我们本性中的不善而模仿坏的行为，如果没有坏榜样的引导，这种恶意本不会表现出来。

231

永远明智不犯错，这是最大的错误想法。

232

无论我们给悲痛以何种托辞，但引起悲痛的往往不过是利益和虚荣。

233

悲痛中存有各种形态的伪善，其中一种伪善是：借口哀悼与我们很亲近的一个人的死亡，我们所哀伤的对象实际是我们自己，我们哀伤他对我们作出的好评价，哀伤因他的死亡造成的我们的慰藉、快乐和报酬的遗失。同时，死者还因生者的流泪而有了好名声，即使这眼泪并不是为死者而流。我认为，这是一种处于悲痛中的人们的自欺欺人的伪善。还有另一种虚伪，却没有如此的清白无辜了，因为它强行贯穿于整个世界中，它是那些对显赫而不朽的荣耀所表示出的痛苦。时光于流逝中，已湮没了他们曾有过的所有悲痛之情，但他们仍然坚持不懈地继续淌落泪水、悲声呻吟或者悲切哀叹，他们脸上戴着一副伤痛凝重的表情，他们通过自己所有的行为，以使别人信服：他们的撕心裂肺的悲痛将会一直持续到生命终止之时，除此以外决无停止的可能。这种忧伤愁绪和让人厌烦的虚荣心，常常在矫情做作的女人们那里发现，由于她们的女性性别已经关闭了所有能使她们通向荣耀的通途那样，她们就拼命表现出她们处于伤心至死、无法释怀的剧烈悲痛之情中，以此为自己博取另一种名声。然而，还有另外一种形式的眼泪，其来源不够丰盈，它很容易滑落，也很容易枯竭：为了获取仁慈多情的名声而哭泣，为了获得他人怜悯而哭泣，为了变得悲伤哀叹而哭泣，事实上，还有一种哭泣仅仅是为了避免哭不出的羞耻而哭！

234

人们始终在立场观点上冥顽不化彼此对立的原因，更多的因素是出于骄傲而非出于无知，我们发现优先的位置已经被别人先占了，而我们又不愿甘居下风。

235

我们最容易地向朋友们的苦难与不幸表示安慰时，就是当我们付出的安慰可以有效地证明在向他们施与仁慈的时候。

236

看来，当我们倾情为他人工作时，即使是自爱也会受到善良的欺骗，以致看似我们忘掉了自我的存在；然而，这不过是为了顺利达到目的地而精心选取的一条捷径，它在施与的名义下发放高利贷，它用最为狡猾和精巧的方式赢得一切。

237

如果一个人没有足够的行恶的力量，单纯凭他的善良还不足以受到世人景仰，所有其他形式的善良，最经常的不过是因为他们懒惰无为或者因为他们意志力的薄弱无能。

238

对大多数人行善太多会比对他们一味行恶更为危险。

239

再没有比一味盲从大人物更为自负的了，其奉承的程度超过自傲，因为我们把这种盲从视为我们自身价值的成果，而忘记那往往是出于我们的虚荣心，抑或是出于我们无力保持谨言慎行。

240

我们可以说，一个人身上与美貌迥异的那种协调一致的魅力，乃是某种我们尚不知道规则的均衡和对称之美，是一种存在于此人的各种外表特征之间的神秘的和谐之美，这种和谐之美还存在于特征、气色和外部形象之间。

241

调情可勾引起女人的本能，并不是所有人都极力与女人去调情，那些人有的是受到恐惧敬畏的束缚，有的则是受到感官及理性的阻止。

242

在我们自认为最不可能烦扰他人时，我们经常使他人烦扰。

243

几乎没有什么事情是注定不可能实现的，要使它们向我们臣服，主要依赖于我们自身努力，而非借助某些技巧。

244

至高无上的精明，是在于熟知各类事物的价值。

245

最为伟大的能力，在于韬光养晦，在于知道如何将自己的实力深藏不露。

246

看似慷慨的行为，经常只是一种伪装的野心，它蔑视那些蝇头小利，以为随后博取较大的利益。

247

大多数人的忠诚，仅仅是吸引他人信任自己的一种自爱手段，一种使自己高居他人之上的方法，一种成为那些最重要秘密的保管人的方法。

248

崇高以轻视一切，而赢得一切。

249

表现为人的声调、眼睛和气度仪态中的雄辩，并不亚于表现为语言修辞方面的雄辩。

250

真正的雄辩在于说出所有应该说的，而不是说出所有可以说的。

251

有一些人因他们的缺点而自我成就，另一些人却因他们的德行而失宠蒙羞。

252

一个人改变趣味轻而易举，而改变癖好却难之又难。

253

利益在幕后推动着所有种类的德行和恶行。

254

谦卑往往只是一种装模作样的顺从，人们利用它来排挤掉别人。谦虚还是“骄傲”的一种诡计，它以退为进，以贬求扬。骄傲的形式虽然千般面孔，却没有任何一种能比隐藏在谦卑的形象下更具隐蔽性和欺骗性的了。

255

所有情感都有其特定的声调、姿势和面孔，正是情感自身的和谐统一，或好或坏、或愉快或不愉快地，使人们因这情感而倍觉愉悦或者憎恶。

256

在所有职业中，每种职业都或多或少地装扮出某种面孔，人们以自我预期的样子粉墨登场。因此，这个世界不过是由众多的演员组成的大舞台而已。

257

庄重严肃的举止，是人们发明出来的一种身体姿态，这姿态可以恰当地掩饰住人内心的真实世界。

258

良好的品味更多来自判断力而非理性。

259

爱情之乐趣，蕴于爱情本身；人们体验这种感情时的快乐与陶醉，会比激发爱情时所得之快乐还要多。

260

彬彬有礼不过是一种愿望——希望别人也同样礼貌对待自己，希望自己被视为文雅有教养。

261

青年人平常接受的教育，不过是以另一种自爱的方式来激励他们前进。

262

在“爱情”中，没有任何激情能像“自爱”那样富于支配性，“自爱”总是蓄谋损害被爱的人的安宁，蓄谋在那里掀起更大的波澜。

263

被称之为“慷慨”，往往不过是赠予者的虚荣心，人们对这种虚荣心花费的心思，远远超过自己所赠送出去的东西。

264

同情心往往是对表现在别人身上的我们自己罪恶的一种反应。它是对我们今后有可能遭到的不幸的一种缜密的深谋远虑，我们给他人以同情心，其实是为了今后在相似情境下帮助我们自己。恰当地说，我们给予他人的同情心，乃是一种事先为我们自己安排的好处。

265

精神世界的褊狭导致冥顽不化，使得人们难以相信超出他们视线之外的东西。

266

如果相信世间存在一种如野心和爱情那般猛烈的、可以击败其他感情的激情，那不过是我们自欺欺人的想法。就连懒惰也不例外。懒惰闲散是那样的衰弱无力、无所事事，却仍不会在做主宰的地位自甘失败，它挑战并篡夺生活中所有意图和行动的权威，以不为人察觉的方式不容置疑地摧毁和耗尽人们所有的激情和德行。

267

未经充分的考察就迅速地认定罪行存在，这是人们的傲慢和懒惰在作怪，人们希望尽快发现罪证，但又不想因为调查罪行而给自己招来麻烦。

268

我们心怀卑鄙的动机，相信别人对那些微不足道事物的判决，可是，我们又不希望自己的名望和荣誉也有赖于这些人的裁决，这些与我们是完全对立的——要么是因为他们的嫉妒，要么是因为他们的成见，或者因为他们才智匮乏——为了让那些人的判决符合我们的心意，我们不惜浪费大量的安宁和生活去冒险。

269

没有人能有足够的智慧认识到自己做的坏事。

270

赢得了一项荣誉，即可保证获得更多荣誉。

271

青春时代，是持续不断的自我陶醉，是理性的高度亢奋。

272

没有什么可使已赢得他人盛誉的人感觉羞辱，就像他们不必采取细微的手段获取利益。

273

世上有些获得他人褒誉的人，这些人在日常事件中多行卑劣之举，且在这卑劣的背后，并不包含任何德行。

274

新妙新奇之于爱情，就像花儿之于果实；它闪烁着美丽夺目的光彩，但这光彩却稍纵即逝且永不再现。

275

天性纯良，显然被世人过分鼓吹、抬得过高了，它往往因一些蝇头小利的困扰而窒息。

276

消减扑灭最为渺小的激情，增加强化那伟大的激情吧，就像风儿吹熄了蜡烛之微光，却吹旺炉火的熊熊烈焰。

277

当女人们还没有爱的时候，她们总认为自己在爱。一段风流韵事，一份多愁善感引发的情怀，一种天生对被宠爱的偏见，一种拒绝爱情时的艰难，统统说服她们，使她们相信她们拥有真正的爱情——其实那不过是轻薄调情而已。

278

使我们常常不满意那些调解人的原因是：他们几乎总是为了调解成功而置朋友利益于不顾，因为他们所渴望的是在自己的职业生涯中获取好名声。

279

当我们把朋友们对我们的柔和温顺过分夸大时，往往不是出于对朋友们的感激之情，而是为了大肆渲染并表现我们自己拥有的德行。

280

我们不吝赞美那些涉世之初的年轻人，是因为我们看到了他们的嫉妒，对早已在社会上有所成就的人们的嫉妒。

281

骄傲，既激起我们对他人的嫉妒心，也不断地帮我们缓和它。

282

有些谎言伪装得比真理还像真理，以至我们没有受骗可能是因为我们判断有误。

283

许多时候，知晓如何利用他人的好建议所需要的才智，并不比给出好建议所需的才智少。

284

世上有这样一种邪恶之人，当他们完全没有善念时，他们对人的危害性反而会小一些。

285

“宽宏大量”被它的名字定义得清清楚楚，然而仍可以说它是一种骄傲的良好感觉，是一种得到他人颂扬的最高尚的方法。

286

再次去爱那个我们已经不再爱的人，令人难以忍受。

287

在同一个事件上我们可以发现许多解决的办法，这并非精神为我们提供的丰富选择，而是智慧的不足——它使我们在想象力所激发出的情景面前踌躇不前，还阻止我们远离了最早也最正确的判断。

288

有些疾病，在某些特定时候用药物治疗反而会促其恶化，最明智的做法在于搞清楚什么时候用药是危险的。

289

假装单纯乃是一种精巧骗术。

290

脾气和精神相比，有更多的缺陷瑕疵。

291

人的德行就像庄稼一样，有其季节性。

292

可以说，人们的性情就像一些建筑物一样，它有各种不同的外观，有些人看了会喜欢认可，另一些人见了会心生厌恶。

293

节制，既不能向对立面索取，也不能克服其野心：节制与野心，二者不可能并存。节制是灵魂的衰弱无力和懒惰怠慢，野心则是灵魂的兴奋剂和动力源。

294

我们总是喜欢那些崇拜我们的人，而无法总是喜欢那些我们崇拜的人。

295

人们确实未能认清自己所有的希冀。

296

爱那些我们不尊敬的人是困难的，但是，爱那些我们尊敬的人也同样困难，尤其是当我们对他们的尊敬超过我们对自己的尊敬时。

297

身体的气质按通常的路线和规则在潜移默化地推动着我们的意愿，把它们聚集到一起，持续对我们施加一种连续和隐秘的支配，以致在我们浑然不觉时，它已在我们的所有行动中都扮演着重要的角色，起着重要的作用。

298

大多数人的感激之情，仅仅是一种想得到更大恩惠的隐秘欲望。

299

几乎所有人都能欣然偿还那些琐碎的小债务；许多人对那些小恩小惠表现得感恩戴德，可是，在那些伟大的恩惠面前，几乎没有人不忘恩负义！

300

有些荒唐的傻事，会像传染病一样四处蔓延。

301

许多人蔑视财富，但很少有人知道如何更好地利用它。

302

仅仅是在一些价值不大的事情上，我们才敢作敢为而未被假象迷惑。

303

无论是怎样的优良品德被加诸我们身上，我们自己并没有发现这里面有什么新东西。

304

人们可以宽容那些烦扰到自己的人，却不能宽容那些被自己烦扰的人。

305

利益总因人们的恶行而遭到谴责，其实，它更应该因促成人们的善行而受赞美。

306

当我们能够施与他人恩惠时，我们几乎找不到忘恩负义的人。

307

一个人有时有些傲慢自负是恰当的，在群体中仍这么做则是荒谬可笑的。

308

“节制”是人工发明的德行，它可以限制伟大人物们的野心，也可以抚慰那些运气和能力都很少的平庸人。

309

有些人命中注定是白痴，他们做种种傻事不仅是出于自己的抉择，命运也强迫他们那样做。

310

人们在生活中时常遇到一些意外情况，人们只有糊涂一些才能平安脱身。

311

假如有些人从来没有表现出愚蠢，那是因为从没有近距离地仔细查找他们的毛病。

312

情人们从不彼此厌倦，因为他们的话题永远是他们自己。

313

我们的记忆力是多么好啊，能清楚地记得我们所经历过的最为琐碎之事；我们的记忆力又是多么的不好啊，总记不住我们经常把这些琐事讲给同一个人听！

314

我们谈论自己时的那种过分狂喜，应该提醒我们注意到这样一个事实：那些听众并没有用心倾听，没有与我们共享快乐。

315

能阻止人们向朋友透露自己内心隐私的，通常不是对朋友们的不信任，而是对自己的不信任。

316

意志脆弱的人难以保持真诚。

317

施惠于忘恩负义者只是小小的不幸，被一个无赖小人施与好处，才是真正让人难以承受的大灾祸。

318

我们可以找到医治白痴之傻病的方法，却没有任何良策能矫正灵魂的乖戾。

319

一旦有权利细想朋友们和恩人们的缺点，我们就无法再对他们抱应该抱有的感情。

320

盛赞君主们并不具备的那些德行，实际上是用一种不受处罚的方法责备他们。

321

有的人爱我们，超过了我们的预期；有些人恨我们。二者相较，我们更接近后一种人。

322

只有那些可鄙之人，才会害怕被人鄙视。

323

我们的智慧和我们的财物一样受命运的支配。

324

嫉妒中包括的自爱比爱情中包括得还多。

325

我们常常通过向恶行示弱来自我缓解痛苦，这是因为理性没有足够的力量慰藉我们。

326

嘲笑他人不体面，比自身不体面更甚。

327

我们承认自身有小缺陷，只是为了说服他人相信我们没有大毛病。

328

嫉妒之心比憎恨之心，更富矛盾性。

329

有时候我们自认为厌恶谄媚之举——我们不过是讨厌谄媚的那种方式罢了。

330

我们的宽恕心取决于我们爱的深浅程度。

331

我们在幸福时比受虐时更难对情人保持忠贞。

332

女人没有认识到她们所拥有的调情能力。

333

女人不会十足严厉，除非她们心生憎恨。

334

女人若克服调情，比克服爱情还难。

335

在爱情中，谎言欺骗总是比猜忌怀疑走得更远。

336

有这样一种爱情，爱到极致可阻抑猜忌的产生。

337

某些好的品质就像理性，那些想得到它们的人，既无法感知到它们，也不能理解它们。

338

当我们的憎恨之情过甚时，它会把我们降格到憎恨对象之下。

339

人们根据自爱的程度来赏罚自己的善和恶。

340

大多数女人的智慧，只会让她们更加疯狂愚蠢而非更加理性。

341

青年人虽然热情激昂，但是跟老年人的冷静相比，并非更倾向于冒险。

342

来自祖国的母语口音，不仅居于语言之中，也居于人的心灵和精神之中。

343

要想成为伟大人物，人们应在命运的任何境况下都知道如何为自己谋利。

344

大多数人就像植物一样，有一些隐蔽的特性有待他人偶然发现。

345

机会使我们认识他人，却极少认识自己。

346

如果一个女人的情绪无法控制，也就没有什么能控制她的思想和她的心了。

347

除了那些和我们意见相同的人以外，我们再也找不到有理智的人了。

348

恋爱的时候最容易怀疑自己最信任的人。

349

爱情的最大奇迹在于它杜绝了调情。

350

我们之所以满怀痛苦地憎恨那些欺骗我们的人，是因为他们认为他们比我们聪明。

351

当人们不再相爱而想绝交时，又会有许多困难与痛苦。

352

有些人不许别人厌倦，可和这样的人在一起我们倍觉厌倦。

353

处于爱情中的正派人，可能会像个疯子，但不会像野兽那样。

354

世间有某些缺点，它们被装扮得闪闪发光，比德行更有光彩。

355

由于失去朋友，我们有时会遗憾多于悲伤；而对另一些朋友的失去，我们只有悲伤，不会有遗憾。

356

通常，我们只赞美那些景仰我们的人。

357

卑微的精神总易被小事物击败，伟大的精神目睹一切小事物而未受其侵害。

358

谦卑乃是基督伦理中德行的真正标志，没有谦卑，我们会延续所有的缺点毛病，会让那些缺点被骄傲所遮蔽，别人看不到，我们自己也看不到。

359

不忠会毁掉爱情。当人们有嫉妒的理由时，就决不能减少嫉妒。值得被人嫉妒的人，永远无法逃避被嫉妒。

360

我们因别人对我们的小小不忠而倍觉耻辱，这耻辱的程度远远超过我们对别人做重大的不义之事时。

361

嫉妒总是与爱一起产生，但很少与爱同时消失。

362

大多数女人为她们的情人之死而痛哭流涕，不是因为爱他们的缘故，而是为了显示她们值得他们宠爱。

363

我们施于别人的恶行，常常不觉得像施给自己的恶行那么严重。

364

我们都相当清楚，总是谈论我们的妻子可不是什么高雅的品味；但我们不太知道，总是谈论自己，会导致同样的效果。

365

有些与生俱来的优良品性会退化为恶行，另一些后天获得的优良品性又不够完美。例如，由理性来教会我们如何规划我们的财产和自信，同时，由本性赋予我们仁慈和勇敢。

366

无论我们多么不相信那些谈论我们的人所表示出的真诚，我们总是认为他们对我们说的话比对别人说的更真实。

367

很少有正派女子不厌倦自己的正派生活。

368

大多数正派女子就像那些隐藏的财宝，她们得以平安自保是因为没有人搜寻到她们。

369

我们为逃避爱情而强加于自身的虐行，往往比我们的爱人带给我们的痛苦还要残忍。

370

几乎没有多少怯懦之人能完全知晓他所害怕的是什么。

371

那些热恋着的人几乎总要犯这样的过错：他没有注意到对方不知何时已不再爱他。

372

大多数年轻人当自己只剩下粗野和无礼的时候，还自以为这是很自然的。

373

人们的眼泪在欺骗了别人之后，紧接着便欺骗自己。

374

如果认为爱自己的情人是因为她爱我们，这简直是个大骗局。

375

平庸之人常常谴责声讨那些超越他们智力范围的事物。

376

嫉妒被真正的友谊摧毁，调情被真正的爱情消灭。

377

洞察力的最大缺点不是中途遇阻，而是走得太远。

378

我们可以给他人以忠告，却不能激发任何行动。

379

当人们的品格衰退时，趣味也随之下降。

380

命运使我们的德行和罪恶昭然若揭，就如同光线使物体显形那样。

381

为了继续对爱人保持忠诚，我们承受着种种挣扎，这一点儿也不比背信强。

382

我们的行为就像给无韵的素体诗押韵，每个人都能把它们放进他满意的结构模式里。

383

谈论自己和把我们愿给别人看的那些缺点亮出来的欲望，构成了我们的真诚的一大部分。

384

只有一点值得我们惊讶，那就是：我们竟然一直能够感到惊讶。

385

在一个人拥有太多的爱的时候让其感觉知足，或者在他拥有太少的爱的时候让其满足，是同等困难的。

386

没有什么人能比那些不能容忍别人犯错误的人更经常犯错误。

387

愚笨之人缺乏足够的资质以使自己变得优秀。

388

即使虚荣没有完全颠覆各种德行，它至少使它们摇摇欲坠。

389

别人的虚荣心之所以使我们痛苦难耐，是因为它伤害到了我们自己的虚荣心。

390

人们改变兴趣比改变品味要容易得多。

391

命运极度盲目，再没有谁比那些她从没给过好处的人更清楚了。

392

人们应当像对待身体健康那样把握命运：当命运不错时就充分享用；厄运连连时就忍耐，若非陷入绝境，决不要做重大的矫正。

393

笨拙不雅，有时在军营中消失不见，但决不会在宫廷中消失。

394

一个人经常比另一个人机智，但他决不会比所有人都机智。

395

许多时候，被爱人欺骗很痛苦，但从这欺骗中醒悟过来，往往会更痛苦。

396

我们会长久地爱着初恋情人——如果我们还没有找到第二个情人。

397

我们通常没有勇气说自己没有瑕疵、完美无缺，也没有勇气说我们的敌人一无是处；但在事实上，我们所做的和所想的相去甚远。

398

在人们所有的缺点中，最为人们欣然接受的缺点是懒惰：我们相信它会使所有的德行失去效力，相信它完全不会摧毁德行，它顶多只是延缓了其操作实施而已。

399

有一种完全不依赖于命运的高尚：它是一种使

我们与众不同的确定的神态举止，它似乎预定将赋予我们伟大事业，这是一种我们不知不觉地自我赋予的价值，正是通过这种优秀品质，我们赢得了别人的尊重，也正是它常常使我们超越了那些出身、等级甚至德行本身。

400

也许存在没有职位的天才，但没有哪个职位能离开各式各样的天才而存在。

401

等级地位之于德行，恰似衣着装扮之于女人。

402

在调情时，爱情的成分最少。

403

命运有时会利用我们的缺陷提升我们；有些叫人厌烦的人，如果我们不想替他们出席的话，他们就不会得到好报。

404

看来，本性是潜藏在我们心灵深处的不为我们所知的各种才智和能力，有能力揭开它面纱的只有激情，并且，许多时候本性会向我们展示出最为真实、精妙的各类见解和图景。

405

我们毫无经验地抵达人生的不同时期，而且，无论我们在哪个年龄段抵达哪个时期，我们总是缺少那一时期的经验。

406

卖弄风情的女人为维护脸面必须做的事是：嫉妒情人们，并掩盖她对其他女人的羡慕。

407

那些身陷我们诡计圈套的人，看起来远非我们所预期的那么愚蠢，一点儿也不像我们中了别人诡计时所表现出的那种愚蠢。

408

上了年纪的、曾经惹人爱的人，最危险的荒唐事莫过于忘记了自己已经不再可爱。

409

我们应该为自己最好的善举时时感到羞耻——如果世人只看动机的话。

410

友谊的最大成绩，不是把我们的缺点暴露给朋友，而是引导他看到自己的缺点。

411

比起我们为数不多的缺点来说，最不可原谅的事是我们掩盖这些缺点的手段。

412

无论人们受到什么样的耻辱，人们几乎总是有能力重塑自己的品性。

413

智力单薄之人难以保持长久的愉悦。

414

傻瓜和疯子，只通过他们自己的才智来观察世界。

415

才智有时候可以帮助我们不受惩罚地做一些粗暴无礼的事。

416

人们年迈苍苍时所增加的活泼性情，总少不了有荒唐与之相伴。

417

情人相爱时，那个爱得最快的人，也总是失恋后痊愈得最好的。

418

不愿表现为风骚放荡的少女，和不想显得荒谬可爱的老人，在谈论爱情之时，绝不应该像谈论一件他们可以谋取利益的事那样。

419

人们能够在一个低于自己能力的职位上大显身手，但在一个高于自己能力的职位上却卑微无为。

420

我们经常认为，当处于一无所有且身份受损的不幸中时，我们有一种不屈不挠的精神；我们经受苦难，并且不会把它视为任人宰割的胆小鬼。

421

思想比智慧在会谈沟通时更有助益。

422

所有的激情都促使我们做各种错事，而爱情自己就能使我们做出荒谬之事。

423

很少有人懂得如何变老。

424

我们经常把自己的缺点看做与他们相反的东西，

因此，在我们软弱的时候，便吹嘘说自己是不好惹的。

425

洞察力有一副预言家的神气，它比精神的其他特性都更能满足我们的虚荣心。

426

新颖的魅力和陈旧的习惯，尽管它们彼此对立，却同样地蒙上了我们的双眼，使我们看不到朋友的缺点。

427

大多数朋友使我们对友谊充满厌倦，大多数虔诚者使我们对虔诚倍感厌恶。

428

我们很容易原谅那些没有被我们觉察到有缺点的朋友。

429

处在恋爱中的女人，欣欣然地原谅那些重大的冒失，竟比原谅那些小小的不忠诚还要容易。

430

爱情衰老之时，就像生命衰老时一样，虽然生命已无欢笑可言，我们为了痛苦而继续活下去。

431

没有什么比期望看起来不矫揉造作而更矫揉造作的了。

432

对善行的倾心赞美，就是加入善行行列的一种方式。

433

天生品性崇高之人，最明确的标志是，他们自出生之日起就没有嫉妒心。

434

当朋友欺骗了我们时，我们只需对他们的友谊形式报之以漠然，但我们对他们的不幸却总是相当敏感。

435

命运和性格统治着世界。

436

了解一群人比了解一个人要容易得多。

437

判定一个人的价值，不应该根据他自身固有的品性价值，而应该根据他如何运用自己的这些品性来判定。

438

存在这样一种真实的感激：它不仅使我们从收受朋友的恩惠中豁免债务，并且把债务转移给我们的朋友，甚至会使我们的朋友倒欠我们。

439

一旦完全知晓我们究竟在渴求什么，那么我们仍存渴求之心的事物就会少而又少了。

440

大多数女人很少为友谊所打动，其原因是：在美妙的爱情之后，任何友谊都平淡无味。

441

常常使我们倍觉幸福的，是未知的事物而非已知的事物，而在恋爱时如此，在交友时也是如此。

442

我们努力把那些坚决不想改正的缺点，变成我们的优点。

443

那些最为猛烈强势的激情，有时会暂时放过我们；但虚荣心却始终与我们纠缠难分。

444

老年人的愚蠢比年轻人的愚蠢更甚。

445

弱点往往比恶行更有害于德行。

446

耻辱心和嫉妒心能极为尖锐地扎痛人们，其原因在于人们的虚荣心无法忍受它们。

447

礼节是所有规范中最为微小却最容易让人顺从的规范。

448

理智健全的精神，易于向理智不健全的头脑臣服，而难于引导它变得健全。

449

当命运出人意料地给人们提供一个重要地位后，却没有引导人们继续对它充满期待，也没有给人们树立起新的希望，人们不可能会长久拥有这个地位，也不可能和这个地位表现得般配得体。

450

我们的骄傲情绪常常因为我们改掉了其他毛病而膨胀。

451

愚蠢之人让人乏味，自认为有智慧的蠢夫更使人厌倦。

452

世界上没有一个人会承认：自己无论何时何处，样样都不如他认为世间最能干的那个人。

453

在重大的事件前，我们不应该枉费心思去创造时机，而应该充分利用现有的条件和机会。

454

在没有被他人指指点点的情况下，我们应该主动放弃某项好处做一件亏本的生意——这种情境实在罕见。

455

无论这世界如何规划布置，它仍可能是不公正的，它总是宠爱伪善的德行，而非公正地对待真正的德行。

456

我们有时会遇到满腹才智的傻瓜，但从未遇到过富于判断力的傻瓜。

457

向人们展示出我们的真实面孔，会比力图在人前装出某个并不属实的假象，将获益更大。

458

敌人站在他们的立场对我们做出的判断，比我们站在自己立场做出的自我判断，往往更客观准确。

459

确实存在一些能医治爱情的药物，但哪种药也不能保证绝对有效。

460

在知晓了自身所有的激情所导致的一切后果之后，我们才会采取某些举措。

461

老年是一个暴君，它禁止了青春时期的所有欢愉乐趣，只因它自己处在一生最痛苦的阶段。

462

骄傲使人们谴责那些自认为已经摆脱了的缺点不足；但同样的骄傲又勾起人们对自己所不具备的优秀品性的蔑视不屑。

463

在我们对敌人的不幸表现出的同情中，骄傲的成分往往比善良的成分更多；它显示出我们对他们是多么的高高在上，我们施舍给他们的是我们的怜悯。

464

世间存在着超出人们理解力的超常之善和超常之恶。

465

如果能像“罪恶”那样善于自我保护，“清白无辜”简直是幸运之极。

466

在所有强烈的感情中，最能使一个女人变好的是爱情。

467

虚荣心比理智更甚，使我们做出更多有违我们品味之事。

468

某些不良的个人品质，却成就了伟大的才智。

469

凡是理性所渴望的，都不是我们真正所渴望的。

470

我们所有的品性都是不确定和不可靠的，无论好品性还是恶品性，它们几乎都是受机遇摆布的傀儡。

471

在最初的激情中，女人所迷恋的是她们的情人；在随后的其他激情中，女人们所爱的乃是爱情本身。

472

像其他的激情那样，骄傲也富于讽刺性。我们因承认自己有嫉妒心而倍觉羞愧，然而我们又因有过这种羞愧和能有这种羞愧而倍觉自豪。

473

真正的爱情何其鲜见，而真正的友谊比真正的爱情更为难求！

474

娇美容颜已去，但魅力犹存，这样的女子实在少之又少。

475

对被同情和被钦佩的渴望，往往是构成我们的信心的最大的部分。

476

我们的嫉妒所持续的时间，总要比我们嫉妒的对象持续好运的时间还要长久。

477

那种经受过爱情考验的坚强力量，同样也可经受得起时间和耐力的考验；而那些软弱的人们，往往因激情而兴高采烈，却又几乎从未真正拥有过行动。

478

奇思妙想并不会为我们制造出各种各样的矛盾，因为矛盾天生存在所有人心灵深处。

479

只有那些拥有坚强力量的人，才能拥有真正的温文尔雅。那些仅仅外貌表现为温文尔雅的人，通常不过是软弱脆弱而已，并且这种文雅会很轻易地转变成粗俗不堪。

480

胆怯畏缩是一种缺点，这缺点对我们想纠正的一切事物都有损无益。

481

再没有哪种品性比真正的温厚贤良更鲜见的了，甚至那些相信自己具有这德行之人，通常也不过是出于软弱顺从或者懦弱无力。

482

精神由于闲散懒惰和习性惯性而依附于那些任何能带给它舒适愉快的事物上，这种习性总是为认知能力设置种种界限，没有人愿意付出努力以使自己的精神境界能尽可能地提升和拓展。

483

一般来说，人们的尖酸刻薄主要来自虚荣心而非心怀恶意。

484

当人们的心灵仍因激情倾覆崩坍时的混乱而纷扰时，人们倾向于采纳另一种全新的激情，而不是等待原有激情平复痊愈。

485

那些曾拥有过强烈激情的人们，在激情之伤痊愈后，仍在整整一生中不时感受到激情之痛。

486

心中不存自爱私欲的人，多于心中缺少嫉妒的人。

487

人们有更多的惰性存在于头脑中，而非肢体上。

488

人们情绪的平静安宁或躁动不安，并不是取决于人们在生活中所遇到的那些相当重要的事件的多少，而是取决于人们对日常生活中的琐屑之事的处理是明智正确，还是处理不当。

489

无论是多么邪恶不道德之人，他们仍不敢公然地表现为德行的敌人，当他们想做损害德行之事时，他们要么粉墨登场假装信服德行的不足之处，或者干脆把某种德行归类为罪行。

490

我们经常从爱情走向野心，却极少由野心走回到爱情。

491

贪婪过度几乎意味着一贯的错误，因为它既没有激情以抛开烙在自己身上的标签，也没有能力将那会对未来造成损失的力量制于麾下。

492

贪婪往往产生相互对立的后果：很多人为了某个不确定的遥远的期待，而不惜献出他们拥有的财物；另一些人却为了眼前的蝇头小利而错过将来的大好前程。

493

看起来人们没有觉察到自己的缺点已经足够多，因为人们仍通过某些确定的品性奇特的东西呈现自己，他们满怀强烈的、一丝不苟的精神精心培植这些东西，以致让它们变成本质缺点，变成他们难以纠正的缺点。

494

当别人评述到自己的所作所为时，使我们觉得他们从无过错或瑕疵不足，这一现象使我们领会到：人们往往比我们想象的更清楚自己的缺点；那个使他们短视并失去判断力的“自爱”，也会开启他们的心智，给予他们非常准确的观察力，这种观察力使他们能抑制或者伪装起那些有可能给他们带来他人非议的最不起眼的小毛病。

495

年轻人开始涉世时，应该是腼腆不安的，或者是大胆冒失的；庄重严肃和稳重老成的神态往往会变质为不合时宜的愚蠢失礼。

496

假如争吵的双方只有一方有错，那么争吵很快就会偃旗息鼓。

497

对一个女人而言，如果她拥有青春年少但美貌不足，或者她拥有花容月貌却人老珠黄，都是没有身价的。

498

有些人过于轻佻妄动或者浮躁薄情，以致他们像远离了顽固的缺点过失那样，也远离了坚定的品性德行。

499

如果一个女人不是第二次调情时为人们所知，人们通常不会猜测到她有过第一次调情行为。

500

有些人完全被自我所充盈，甚至在他们恋爱时，也不过是找到了一种让自己的激情而非爱人充盈自身的做法。

501

无论爱情有多么令人愉快惬意，它得以取悦于人的更多原因是其方式技能而非它自身的魅力。

502

那些富于才智性情乖张的人，要比那些虽才智有限但判断力强且直截了当的人，更容易招致他人厌烦。

503

嫉妒在所有过错中位居榜首，它使得人们对嫉妒者本人给予的怜悯也最少。

504

在论及表面德行的虚假性以后，现在该谈谈与蔑视死亡之虚假性有关的道理了，在这里，我的意思是特指异教徒那种对来世不抱希望、不存期待，而一味鼓吹可借自身意志力即可做到的对死亡的蔑视。英勇无畏地与死亡交锋,和高高在上地蔑视死亡，二者存有区别，前者相当常见，而后者我认为是伪装出来的。然而，无以计数的所有相关文字被人们激情写出，用以说服我们相信“死亡不是灾祸”的观点，最意志薄弱之人和最英勇胆大之人平等地站在一起，枚举无数经典事例来强化这种意识，但我仍然怀疑那些判断力极佳的人们会真的信服这种论调。人们承受着种种苦难与磨砺，以求能像说服自己那样说服他人，这苦难与磨砺足以证明那种说服绝非轻而易举之事。人们也许会有种种理由厌倦生命，但绝无任何理由蔑视生命，甚至那些自愿赴死的人也不能把死亡视为轻松之举——如果死亡以一种与他们所选定的方式不同的姿态不期而至时，他们会和世间其他人一样，充满同样的恐惧惊慌，充满同样的震惊骇然。人们注意到的数量繁多的英勇之士们所体现出的勇气时有差异，这是由于死亡之路与他们所想象的有所不同，死亡会在某一个时刻比另一个时刻表现得更为鲜明迫近。因此，在勇士们忽视了死亡之时，他们表现得蔑视死亡；当他们对即将到来的死亡有所知晓时，他们最终害怕死亡。如果人们能够得以避免直面死亡，并避开各种死亡情境，那么也许人们会相信死亡并非最大的灾祸。最贤明理智和最英勇无畏之人，是那些善于使用最恰当的办法避免自己反复思索死亡的人，而所有知晓死亡、看到死亡之影的人们却视死亡为极为可怖之事。死亡的必然性造就了哲学家们的全部坚定性。他们认为，如果不能阻止死亡不断前来的步履，如果不能延长充满不确定性的生命，那么最明智的做法就是以优雅的姿态迎接死亡。纵使身后无物可以延续，却能竖立起道德的丰碑，能在这最具普遍性的灾难中留存一切可存之物。为在死亡面前有能力做出一副从容的表情，不再讨论关乎我们自身的一切，让我们更多地寄希望于人们的天性本能而非那些容易犯错的理性吧，这容易犯错的理性使人们误以为我们能够满不在乎地接近死亡。英勇赴死时的荣光，倍觉懊悔时的期望，留得死后好名声的心愿，从悲惨生活中解脱，不再任由诡谲命运摆布的担保，这一切都是我们面对死亡时，不可忽视的心灵支撑，但我们也不能就此认为这些灵魂支撑是万无一失的。它们为保护我们所起的作用就像一个可为人们遮蔽身体的简单屏障物，这个屏障物在战争的枪林弹雨中可用以冲向堡垒时防身。当我们离堡垒还很远时，人们断定它可能是个很好的掩护；可当人们靠近堡垒时，才发现它不过是自己最为软弱无力的援助物。当距离死亡还有一段距离时，人们认为可以避险，当死亡逼近人们时，那情形和在远处判断已迥然相异；如果人们认为那只是自己脆弱的情感，自然而然地认为拥有在最严峻的考验下也不垮倒的力量，这些都不过是自欺欺人而已。死亡如同自爱，能促使人们把那些必然要摧毁它的东西看得无足轻重，这无疑是对自爱效用的一种错误认识；至于那些我们认为能从中获得力量源泉的理性，它在这场战斗中却懦弱无力，不能按人们的意愿以人们所预期的方式说服人们。由于理性非常频繁地背信弃义，它非但没能激起人们对死亡的蔑视，反而向人们展示出死亡所有的可怕和恐怖。理性为我们所能做到的全部，只不过是劝告我们把视线转移到其他目标上。罗马政治家加图和布鲁图斯选择的是彪炳史册的做法。不久之前，当一个男仆即将被处罚以车轮刑时，他自得地在断头台上跳起舞来。虽然驱动人们的动机各有不同，但最终的结局却是一样。至于其他，尽管在伟大人物和普通大众之间无论存在何种差异，人们已在持续数千载的历史中看到这两种人以同样的镇定自如迎接死亡。然而，那种差异仍然存在：伟大人们所表现出的对死亡的蔑视，只是因为他们对名望之珍爱，这种对名望之爱使他们置生死于度外；而普通人表现出的对死亡的蔑视，是由于他们的头脑肤浅、眼界狭隘，使他们看不见不幸的程度，使他们不能对其他事物进行自由反省。

图书在版编目（CIP）数据

道德箴言录 /（法）拉罗什福科著；王水译．—南京：译林出版社，2017.1
（典藏书架）
ISBN 978-7-5447-6647-0

Ⅰ.①道… Ⅱ.①拉… ②王… Ⅲ.①道德修养－通俗读物 Ⅳ.①B825-49

中国版本图书馆CIP数据核字（2016）第231777号

书　　名 道德箴言录
作　　者 〔法国〕弗朗索瓦 · 德 · 拉罗什福科
译　　者 王　水
责任编辑 王振华
特约编辑 王　锦
出版发行 凤凰出版传媒股份有限公司
译林出版社
出版社地址 南京市湖南路1号A楼，邮编：210009
电子信箱 yilin@yilin.com
出版社网址 http://www.yilin.com
印　　刷 三河市华润印刷有限公司
开　　本 960×640毫米　1/16
印　　张 7
字　　数 56千字
版　　次 2017年1月第1版　2023年10月第3次印刷
书　　号 ISBN 978-7-5447-6647-0
定　　价 23.00元